哈佛医师的常备蔬菜汤

[日]**高桥弘** /著

北京今日今中 /译

がんに打ち勝つ「命の野菜スープ」

いの名医が考案！

天津出版传媒集团

天津科学技术出版社

著作权合同登记号：图字02-2023-155

图书在版编目（CIP）数据

哈佛医师的常备蔬菜汤 /（日）高桥弘著；北京今
日今中译. -- 天津：天津科学技术出版社，2023.11
　ISBN 978-7-5742-1436-1

　Ⅰ.①哈… Ⅱ.①高… ②北… Ⅲ.①素菜 - 汤菜 -
菜谱 Ⅳ.① TS972.122.6

中国国家版本馆 CIP 数据核字（2023）第 137514 号

哈佛医师的常备蔬菜汤

HAFO YISHI DE CHANGBEI SHUCAITANG

| 总　策　划：北京今日今中图书销售中心 |
| 责任编辑：马妍吉 |

出　　版：天津出版传媒集团／天津科学技术出版社

地　　址：天津市西康路 35 号
邮　　编：300051
电　　话：（022）23332372
网　　址：www.tjkjcbs.com.cn
发　　行：新华书店经销
印　　刷：涿州市旭峰德源印刷有限公司

开本 880×1230　1/32　印张 4.5　字数 76 000
2023 年 11 月第 1 版第 1 次印刷
定价：39.80 元

目 录

前 言

在日本，
每2人就有1人罹患癌症，
每3人就有1人死于癌症！

被书名吸引而将本书拿在手上的读者，想必都很注重健康，尤其会对"癌症"心生恐惧吧。

我不是恐吓各位，如今癌症已是司空见惯，成为一种人人都有可能罹患的疾病。

事实上，高居日本人死因之冠的疾病，就是癌症。这虽然令人痛心，却是铁一般的事实。

从 1981 年至今，癌症连年高居日本人的死因排行榜榜首。目前，日本每 2 人中就有 1 人一生中罹患过一次癌症，每 3 人就有 1 人因癌症而死亡。

我们的身体每天大约产生 5000 个"癌芽细胞"。由于基因突变等因素，这些"癌芽细胞"可能会发展成癌细胞。

从出现一个癌细胞发展为能够威胁生命的癌症，大约需要 9 年时间。换句话说，即便你认为自己十分健康，你仍有可能因"癌芽细胞"的突变和逐渐分化而罹患癌症。

我是一名医学研究者，专攻癌症的免疫疗法与肝炎的治疗方法，曾在美国哈佛大学做过专项研究，目前在日本东京的麻布区开设医院。

每当有癌症及肝炎患者来医院向我咨询治疗方法时，我都会告诉他们，除了进行常规治疗，还要通过调理日常饮食来预防和治疗疾病。

研究表明，在引发癌症的各种原因中，不健康的日常饮食习惯占比高达 35%。

因此，如果不想让"癌芽细胞"突变发展成癌组织，关键就是要养成良好的日常饮食习惯。

也就是说，吃什么和怎么吃，真的会左右我们的健康与人生，这种说法一点儿都不夸张。

所以，我在此呼吁，为了保持身体健康，打造抗癌体质，请大家务必试试我根据多年研究经验研制出来的蔬菜汤。

中老年人因代谢综合征
而患癌风险高

你是不是刚过中年，就已经大腹便便了？

你是不是参加体检时，曾被医师提醒和警告？

"你的内脏脂肪过多，血糖值偏高哦。"

"你已经成为糖尿病的'预备军'啦。"

听到这些，你肯定吓一跳吧！这时候你需要加倍注意了！为什么？因为有可能在不知不觉间，你的患癌风险已经提高了。

"内脏脂肪多、血糖值高和癌症怎么会有关系呢？"或许你会有这样的疑惑。

但是，根据 2006 年日本厚生劳动省[①]的调查，对于 2 型糖尿病[②]患者而言，男性患者的患癌率是普通人的 1.27 倍，女性患者的患癌率是普通人的 1.21 倍。而且，他们罹患肝癌和胰腺癌的概率尤其高。

此外，也有研究显示，2 型糖尿病患者还容易罹患大肠癌，特别是女性，其患病率是健康者的 2 倍以上。

至于糖尿病与癌症的关系，我会在第二章详细说明。简而言之，即高浓度的胰岛素是促使"癌芽细胞"突变发展成癌组织的重要诱因。

美国有研究论文指出，血液中胰岛素浓度高的人更容易罹患胰腺癌。

另外，并非没有糖尿病就没问题！

糖尿病"预备军"和糖尿病患者一样，都是患癌的高风险人群。

[①] 日本负责医疗卫生和社会保障的主要部门。

[②] 由肥胖或不良的生活方式造成自身胰岛素抵抗，从而引起的高血糖症状，多发病于中老年人。

2型糖尿病患者的患病原因主要是肥胖、饮食不规律、缺乏运动和压力过大等。

对于中老年人来说，想要远离糖尿病，每天坚持运动可能有些困难，但改善饮食习惯就比坚持运动简单多了。而改善饮食习惯的最好方法，莫过于每天饮用蔬菜汤，这款"常备蔬菜汤"能够预防和改善内脏脂肪的囤积与代谢综合征，不仅对防治糖尿病等生活习惯病相当有效，而且还能有效降低患癌风险。

日本人的患癌率居高不下的原因是蔬菜摄取量不足

一个日本人每天能吃多少蔬菜呢？

以上班族来说，早餐一般是吐司配咖啡，午餐吃日式套餐或盖浇饭，晚餐则是边喝酒边吃小菜，如此算来，一天摄取的蔬菜量真是少得可怜。

日本政府颁布的居民膳食指南中建议，正常人的每日蔬菜摄取标准为350g以上，而日本人的实际人均蔬菜摄取量每年都在标准值以下。

我在美国做研究时，亲眼见到美国人饮食习惯的戏剧性变化，以及变化后产生的效果。

20世纪70年代，生活习惯病[1]在美国蔓延开来，于是美国人开始采取应对措施，他们减少盐分、糖分、饱和脂肪酸[2]的摄取量，增加蔬菜和水果的摄取量。

结果，在大家养成多吃蔬菜的习惯后，美国人的患癌率及癌症死亡率都下降了。

如今，美国的人均蔬菜摄取量已经超过了日本，不仅如此，近年来许多发达国家的患癌率及癌症死亡率也都呈现持平或逐渐下降趋势，但日本人的患癌率却依然居高不下。

一般认为，这与蔬菜的摄取量有关。

因此，想预防癌症，我们就要重视饮食结构，特别是要多摄取蔬菜。

---

[1] 生活习惯病也称生活方式病，是由长期的不良生活习惯所造成的慢性疾病的统称，如肥胖、糖尿病、高血压、炎症、过敏等。

[2] 多含于动物性脂肪如牛油、猪油中，摄取过量会导致体内中性脂肪和胆固醇含量升高。

蔬菜汤可以预防
癌症和生活习惯病

请容我再次呼吁，大家务必试试我研制的"常备蔬菜汤"。

卷心菜、胡萝卜、洋葱、南瓜。

用这 4 种常见蔬菜煮成的"常备蔬菜汤"，含有大量可预防癌症及生活习惯病的有效成分——植化素（Phytochemicals）。

同时，喝蔬菜汤不仅可以满足我们每日的蔬菜摄取量，还能让我们摄取到人体所需的维生素 A、C、E，以及膳食纤维和钾元素。

更令人可喜的是，"常备蔬菜汤"的食材和烹调方法都非常简单，每次可多做一些放入冰箱冷藏，如果想吃，随时都可以加热食用。

早餐时，可以喝一杯蔬菜汤代替咖啡。晚餐时，也可以先喝一碗蔬菜汤，然后再吃主食。

蔬菜中的有效抗癌成分植化素普遍存在于植株的根、茎、叶细胞中，而细胞的最外侧结构是一层坚固的细胞壁，因此想要提取植化素，就必须破坏细胞壁才行。直接生吃蔬菜，根本就破坏不了大部分的细胞壁，人体自然也就无法有效吸收蔬菜中的植化素。不过，细胞壁经过加热就会遭到破坏，也就是说，将蔬菜加热煮成汤，能明显提高人体对蔬菜中有效成分的吸收率。

因此，与吃蔬菜沙拉相比，喝蔬菜汤能够摄取更多的有效抗癌成分，并且能在一定程度上预防癌症及其他生活习惯病。

喝蔬菜汤既能瘦身，
也能让血管恢复年轻

自从我成为一名临床医生以来，就经常建议患者把喝蔬菜汤当作治疗的一环。在饮用蔬菜汤的患者当中，陆续出现了癌症停止恶化、抗癌药副作用减轻，以及自身免疫力提升等具体实例。此外，蔬菜汤对于肥胖、糖尿病、高血压及肝炎等生活习惯病的预防和改善也都有惊人的效果。

其实，我已经坚持喝这种蔬菜汤超过 10 年了，和之前相比，我的体重减轻了 10kg，血管年龄也比实际年龄年轻 20 岁，维持在 48 岁左右。

我们的医院设有减肥门诊，专门指导大家利用蔬菜汤来减肥，并取得了不错的效果。

许多人根据我们减肥门诊给出的建议，调整了自己的饮食结构和饮食顺序，最终都减肥成功了。

由此可见，蔬菜汤不仅可以防治癌症，还具有多种其他健康功效。

还有什么食物能像蔬菜汤这样简单易做，一年四季随时都能喝到，而且效果如此惊人的呢？

一天两碗，
只喝汤也 OK！

我建议大家早晚各喝一碗"常备蔬菜汤"，坚持一天两碗。

我的患者中，有人利用早餐时间喝一碗蔬菜汤，两三个月下来，体重就减轻了 3kg；三四个月后，脂肪肝的症状也有所改善。

食用蔬菜汤时，最好连炖煮的蔬菜也一起吃掉，当然，只喝汤也无妨，因为经过一定时间的烹煮，蔬菜中的大量有效成分都会溶解于汤汁中，变得更加容易被人体吸收。

前面我简单介绍了一下蔬菜汤的功效，不知是否能够引起各位的兴趣。如果你不想为健康问题烦恼，想要精力充沛地生活下去，请务必参考本书，尝试一下我大力推荐的"常备蔬菜汤"。请相信我，蔬菜汤肯定会成为你预防癌症及保持健康的"最佳伙伴"。

那么接下来，我就具体介绍一下蔬菜汤的烹调方法及其神奇功效吧！

第一章

免疫力提升！血管更年轻！
具有抗癌功效的
"常备蔬菜汤"的做法

"常备蔬菜汤"的烹调方法非常简单，只要将4种蔬菜切成适当的大小，放入水中炖煮即可。本章还会详细介绍蔬菜汤的食用方法及保存方法。请大家务必养成每天食用的好习惯。

食材与准备工作

蔬菜加水而已！

400g 蔬菜加 1L 水
就可以了。

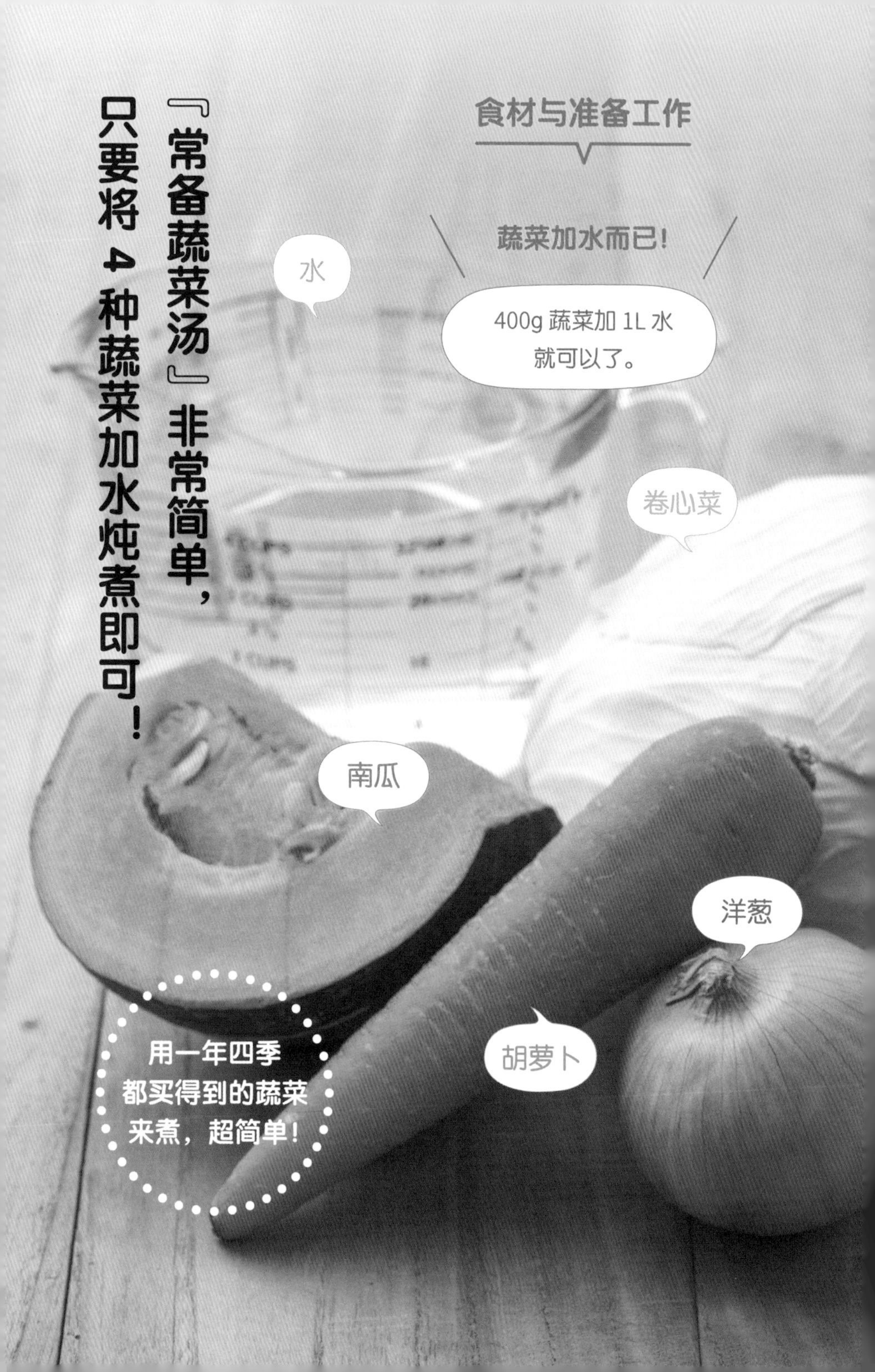

水

卷心菜

南瓜

洋葱

胡萝卜

用一年四季
都买得到的蔬菜
来煮，超简单！

『常备蔬菜汤』非常简单，
只要将 4 种蔬菜加水炖煮即可！

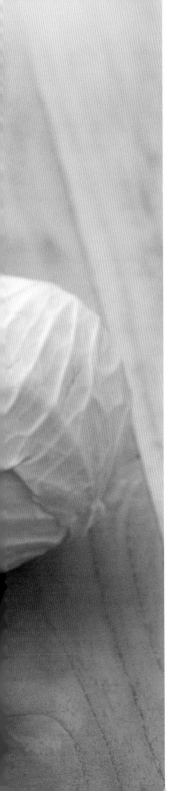

每种蔬菜各 100g,
水大约 1L。

选用一般超市售卖的蔬菜即可,
但如果条件允许的话,选用有机蔬菜
效果会更好。

将蔬菜切成适当的大小!

胡萝卜和南瓜
不必去皮!

将蔬菜冲洗干净,切成容易
入口的大小。

烹调方法

最好使用
珐琅锅。

将水和蔬菜
一起入锅。最好
使用受热均匀且
保温效果好的珐
琅锅。

为了不让蔬
菜的有效成分随
水蒸气蒸发，请
盖上锅盖炖煮。

炖煮时，请务必
盖上锅盖!

20 分钟后

大功告成!

不必调味
即可食用。

　　如果想要品尝蔬菜的原汁原味，就可以不加调味料。倘若一开
始觉得味道太过寡淡，可以加一点儿胡椒粉或咖喱粉。

做成冰箱常备菜，想吃的时候随时用微波炉加热即可。

抑制血糖值上升，让内脏功能更活跃！

抑制血糖值上升！

用餐前先喝蔬菜汤，一天最好喝两次

在吃其他饭菜前，请先食用蔬菜汤。先食用蔬菜汤，既可有效抑制血糖值上升，也可增加饱腹感，从而控制食欲。

比固体食物更容易被吸收

空腹先喝蔬菜汤，可令肠道和内脏的功能更加活跃，而且所摄取的蔬菜有效成分为吃蔬菜沙拉的 10~100 倍。

让内脏功能更活跃！

食欲不振时

光喝汤也 OK

如果没有食欲或是没时间吃汤料，那就光喝汤吧，因为大量植化素已经溶解到汤汁里了。

4 种蔬菜的神奇力量，让致癌物质无毒化！

卷心菜

[内含的主要植化素]
异硫氰酸酯（Isothiocyanate）

[其他]
膳食纤维、维生素 C

—— 神奇力量 ——

① 增强肝脏解毒酶的活性，消除体内致癌物质的毒性。
② 有效促使大肠癌细胞和前列腺癌细胞凋亡。
③ 调节肠道菌群，促进排便，有助于将致癌物质排出体外。
④ 促进机体分泌抑制癌细胞增殖的干扰素，增强机体免疫力。

胡萝卜

[内含的主要植化素]
α-胡萝卜素
β-胡萝卜素

—— 神奇力量 ——

① 有效清除对基因造成伤害的活性氧，预防癌症。
② 提升 NK 细胞（自然杀伤细胞）和 T 细胞（淋巴细胞的一种）的活性，提高其抗癌作用。
③ 抑制低密度脂蛋白发生氧化，有效预防动脉硬化。

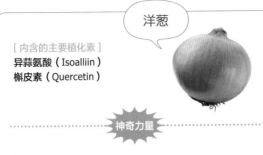

洋葱

[内含的主要植化素]
异蒜氨酸（Isoalliin）
槲皮素（Quercetin）

———— 神奇力量 ————

1. 有效清除对基因造成伤害的活性氧，预防癌症。
2. 保持血液循环通畅，预防动脉硬化、心肌梗死、脑梗死等。
3. 抑制过敏症状和炎症。
4. 促进机体分泌抑制癌细胞增殖的干扰素，增强机体免疫力。

南瓜

[内含的主要植化素]
β - 胡萝卜素

[其他]
膳食纤维、维生素 C、维生素 E

———— 神奇力量 ————

1. 有效清除对基因造成伤害的活性氧，预防癌症。
2. 提升 NK 细胞（自然杀伤细胞）和 T 细胞（淋巴细胞的一种）的活性，提高其抗癌作用。
3. 抑制低密度脂蛋白发生氧化，有效预防动脉硬化。
4. 增加肠内粪便量，促进排便，有助于将致癌物质排出体外。

简简单单的蔬菜汤竟蕴藏超多宝藏功效！

1

做法超简单，
厨房小白也能轻松上手！

老少咸宜，功效神奇！

做法超简单，保存更容易！

无须调味，只要加水炖煮成汤即可。

　　做法简单无压力，将蔬菜切成适当的大小，加水炖煮 20 分钟即可。不用调味，因此不可能失败，还能品尝到蔬菜的原汁原味。

※ 蔬菜的皮、茎、根部等边角料也富含多种抗氧化物质，请大家充分利用。

做成冰箱常备菜，
冷冻后效果更佳！

冷冻的
保存方法

冷藏的
保存方法

　　"常备蔬菜汤"不必餐餐都煮，不妨预先制作，然后保存起来。可以冷藏保存，但更建议冷冻保存，因为冷冻保存能够进一步破坏蔬菜的细胞壁，解冻后，有效成分会更容易溶解到汤汁中。

※ 为了方便食用，可以按照一餐的量分装保存。冷冻的蔬菜汤可保存 2~3 个月。

用料理机将"常备蔬菜汤"打成浓汤，身体虚弱的人也可以放心食用！

打成浓汤，好处多多！

浓汤的口感更加顺滑，身体虚弱、咀嚼困难、不能吃固体食物的人都能食用！

打磨后更容易摄取蔬菜中的营养素和植化素，既可以当作老年人和癌症患者的疗养膳食，也可以当作宝宝的辅食。

做法 ▶ 将煮好的"常备蔬菜汤"放凉后，倒入料理机中搅拌成浓汤，然后再倒入锅中重新加热即可。

一碗简单的蔬菜汤
竟蕴藏四大功效！

"常备蔬菜汤"的
四大抗癌功效

1 清除活性氧（抗氧化力）。

2 化解致癌物质的毒性（排毒作用）。

3 提升免疫细胞的活性，增强人体免疫力。

4 抑制癌细胞生长和增殖。

下一页有更加
详细的说明。

1 抗氧化力

有效清除致癌"元凶"活性氧，尤其可清除活性氧中毒性最强、能够引发基因突变的"氢氧自由基"（Hydroxyl Radical）。

具有这项功效的食物

红酒、咖啡、洋葱、胡萝卜、南瓜、西红柿等。

2 解毒力

通过化解致癌物质的毒性来预防癌症。增强肝脏解毒酶的活性，促进人体化解致癌物质的毒性和排泄废物。

具有这项功效的食物

芹菜、姜黄、西蓝花、卷心菜、萝卜、山葵、大蒜等。

"常备蔬菜汤"能提升人体的抗氧化力、解毒力、免疫力和抗癌力！

3 免疫力

通过提升免疫细胞活性来抑制癌症。提高淋巴细胞（NK细胞、T细胞、B细胞）、巨噬细胞（Macrophage）、树突细胞（Dendritic Cell）等免疫细胞的活性，增强人体免疫力。

具有这项功效的食物

生姜、大蒜、胡萝卜、南瓜、蘑菇类、海藻类、香蕉等。

4 抗癌力

通过抑制癌细胞增殖、促使癌细胞凋亡来抑制癌症。

具有这项功效的食物

能够抑制癌细胞增殖的有
大豆、洋葱、绿茶、红茶、西红柿等。
能够促使癌细胞凋亡的有
白菜、卷心菜、山葵、大蒜等。

这四大功效，
主要来自植物制造的
"植化素"！

综上所述，『常备蔬菜汤』确实具有抗癌和防癌功效！

什么是植化素？

植化素即植物生化素，是植物为保护自身不受紫外线以及害虫等的危害，自行制造出来的用以自卫的天然化学物质的总称。植化素的种类繁多，据说多达万种以上，其中90%的植化素来源于蔬果类植物。

植化素并不属于营养学家所定义的六大营养素，但因其具有提升免疫力、抗氧化和排毒等功效，近年来被科学家认为是维持身体健康不可或缺的外源性能量。

常见的富含植化素的食物

- 红酒（多酚）
- 芝麻（芝麻素）
- 胡萝卜（β-胡萝卜素）……
- 西红柿（茄红素）
- 大豆（异黄酮）

→ 关于植化素的详情，请参考第二章。

参考「计划性食品」
研制而成的抗癌蔬菜汤

什么是
**计划性
食品？**

美国国家癌症研究所（National Cancer Institute，简称 NCI）在"可通过饮食来预防癌症"这个假设前提下，收集和研究了大量流行病学调查资料，然后从植物性食物中挑选出约 40 种能够有效防癌的食品。

研究表明，大蒜、卷心菜、胡萝卜、芹菜、洋葱等大家熟悉的蔬菜，以及柑橘类、莓果类水果，都具有不错的防癌功效。

计划性食品中
富含植化素

在约 40 种计划性食品中，
有 **3 种** 是
"常备蔬菜汤"
的食材。

"常备蔬菜汤"的食材除了"计划性食品"中的 3 种蔬菜，还有  **南瓜**。南瓜具有清除活性氧、提升 NK 细胞及 T 细胞的活性、提高人体免疫力的作用。

计划性食品清单

越往上的区块，其重要性越高

大蒜
卷心菜、甘草
大豆、生姜
伞形科（**胡萝卜**、芹菜、防风草）

洋葱、茶叶、姜黄、小麦、亚麻籽、糙米
柑橘类（柳橙、柠檬、葡萄柚）
茄科（西红柿、茄子、青椒）
十字花科（西蓝花、白花椰菜、卷心菜苗）

麝香哈密瓜、罗勒、龙蒿、燕麦
薄荷、牛至、小黄瓜
百里香、虾夷葱、迷迭香、鼠尾草
马铃薯、大麦、莓果类

※ 列入"计划性食品清单"中的食品，除了能够防癌，还具有提升免疫力和预防生活习惯病的功效。

※ 同一区块内的食品并无优先级。比如大蒜位居最上面，但并非大蒜最有功效，这点请注意。

由于政府大力推荐和
倡导"计划性食品"，
美国人的患癌率及癌症死亡率
都降低了！

1973 ~ 1989 年，癌症死亡率平均每年增加 **1.2** %

1990 ~ 1995 年，癌症死亡率平均每年减少 **0.5** %
5 年间减少了 **2.5** %

那么，我们也尝试一下
这款用"计划性食品"
中的蔬菜做成的
"常备蔬菜汤" 吧！

第二章

餐前喝一碗，减脂又瘦身！
用"常备蔬菜汤"
来拒绝癌症！

罹患癌症的案例中，35% 的问题源自日常饮食习惯！

40 年前，美国人已经意识到
癌症与饮食习惯大有关系

我现在先问各位一个问题，大家对 20 世纪 60 年代的美国有何印象呢?

20 世纪 60 年代后期，我就居住在美国。那时大家都住在宽敞明亮的房子里，各种家用电器一应俱全，家家户户都有汽车。

那是美国的辉煌时期，同时也是汉堡快餐店激烈竞争的年代。

当时，美国的军事和经济实力皆高居世界第一，但国民的健康状况却惨不忍睹。国民的死因之首是心脏病，死因第二名是癌症。同时，高血压、糖尿病等生活习惯病的发病率逐年攀升，每年都会夺走大批美国国民的生命。

美国政府意识到问题的严重性，于是任命参议院议员乔治·麦戈文（George Stanley McGovern）为营养问题特别委员会主席，彻底调查美国人的饮食习惯与疾病之间的关系。

1977 年，营养问题特别委员会提交了一份厚达 5000 页的报告。该报告指出：

一部分患者的心脏病、癌症、脑卒中、糖尿病等疾病是由不良的饮食习惯所致，仅靠药物无法治愈。

改善饮食和生活习惯后，可降低 20% 的癌症发病率、25% 的心脏病发病率，以及 50% 的糖尿病发病率。

当时美国人的饮食习惯非常不健康，他们喜欢食用汉堡和可乐等高热量食物，因此摄取了大量动物性蛋白质、脂肪和糖类。而且，他们对于富含膳食纤维的粗粮和根茎类蔬菜的摄取量严重不足。

这篇报告发表后，美国人的患癌率虽然没有立即下降，但是这样的结论最终让他们意识到了健康饮食的重要性和迫切性。

美国医学会也开始大幅调整研究方向，从重视疾病治疗转为重视疾病预防。

你要糊里糊涂地
吃到什么时候？

看完美国的例子，我们再来反思一下自己。我再问大家一个问题，现在各位是否真正意识到健康饮食的重要性了呢？

从许多中老年人罹患糖尿病、高血压、血脂异常症（Dyslipidemia）等生活习惯病和癌症的现状来看，人们健康饮食的意识还是有些不足。

也许你会说："我很注重饮食习惯啊。"但是，例如"少吃点心""早上喝蔬菜汤""不要把拉面的汤全部喝完"等饮食习惯，你真的认真执行了吗？我想你并没有注意自己日常都吃了些什么以及吃了多少吧？

我们从美国营养问题特别委员会的报告中得知，预防癌症的关键就是注重饮食生活。

在引发癌症的各种原因中，不健康的日常饮食习惯占比 35%，而吸烟的占比才不过 30%，肝炎病毒感染等感染病的占比则只有 10%。

其他原因还有饮酒、紫外线、自然放射线，以及环境污染、食品添加剂等，但比起不良饮食习惯所造成的伤害，只能算是"小巫见大巫"。

我想，通过这些数字，各位应该知道日常饮食生活有多么重要了吧？

既然日常饮食生活如此重要，大家就应该审视一下自己的饮食习惯。你每天会摄取哪些食物呢？这些食物是否有益于身体健康呢？你觉得自己的饮食习惯是否需要改善呢？

患癌的原因

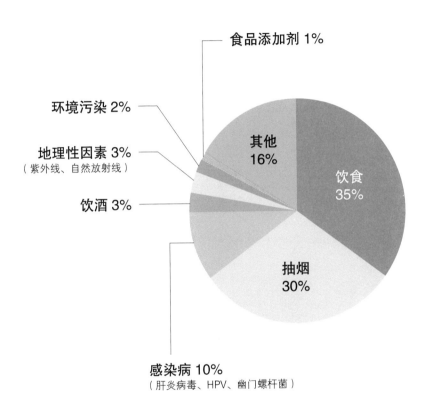

食品添加剂 1%

环境污染 2%

地理性因素 3%
（紫外线、自然放射线）

饮酒 3%

其他
16%

饮食
35%

抽烟
30%

感染病 10%
（肝炎病毒、HPV、幽门螺杆菌）

防癌的关键在于，
一天摄取 350g 蔬菜！

最有效的防癌食物，
就是屡见不鲜的蔬菜和水果

我们到底吃什么才能预防癌症呢？

1990 年，美国政府相关部门针对这项课题进行了大量研究，然后发表了一份计划性食品清单。

美国国家癌症研究所首先做出"癌症可以通过饮食来预防"的假设，然后收集和研究了海量流行病学调查资料，最后选出大约 40 种能够有效防癌的食品。

说到"防癌"，或许你会想到一些特别名贵罕见的食物。但是，只要你看一下计划性食品清单就会发现，里面都是一些你我再熟悉不过的食物。

计划性食品清单

大蒜

卷心菜、甘草

大豆、生姜

伞形科（**胡萝卜**、芹菜、防风草）

洋葱、茶叶、姜黄、小麦、亚麻籽、糙米

柑橘类（柳橙、柠檬、葡萄柚）

茄科（西红柿、茄子、青椒）

十字花科（西蓝花、白花椰菜、卷心菜苗）

麝香哈密瓜、罗勒、龙蒿、燕麦

薄荷、牛至、小黄瓜

百里香、虾夷葱、迷迭香、鼠尾草

马铃薯、大麦、莓果类

※ 列入"计划性食品清单"中的食品，除了能够防癌，还具有提升免疫力
　和预防生活习惯病的功效。

※ 同一区块内的食品并无优先级。比如大蒜位居最上面，但并非大蒜最有
　功效，这点请注意。

大蒜、卷心菜、胡萝卜、芹菜、洋葱等，全是随时随地就可以买到的蔬菜，还有常见的柑橘类、莓果类水果，也都具有良好的防癌效果。

　　过去大家往往认为深色的蔬果更加健康、有营养，但事实上浅色蔬果和深色蔬果一样，也有很强的防癌效果。

　　此外，实验已经证明，这些计划性食品不仅能够防癌，还具有提高免疫力、预防生活习惯病的功效。

　　自从美国政府发布了计划性食品清单后，美国人的饮食习惯开始一点一点地改变，人们的健康状况也随之逐渐改善。

　　1994 年，美国的人均蔬菜消费量已经超过日本。

　　我们一直对美国人存在大啖汉堡、牛排等高热量食品的刻板印象，但事实上，他们的蔬菜摄取量早已经比日本人多了。**而且，他们的患癌率和癌症死亡率双双出现了下降。**

　　1973 年至 1989 年，美国人的癌症死亡率平均每年增加 1.2%，但 1990 年至 1995 年，美国人的癌症死亡率平均每年减少 0.5%。换句话说，这 5 年间，他们的癌症死亡率减少了 2.5%。

由此可以看出，计划性食品清单发表后，美国人改善了饮食习惯，增加了蔬菜和水果的摄取量，短短 5 年，他们就已经得到了莫大的回馈。

或许有人会怀疑："蔬菜和水果真有那么神奇吗?"当你看到美国人的例子和数据时，应该就能感受到蔬菜和水果的作用有多么不可思议了吧!

接下来，我们来看看日本的情况。

根据 2016 年日本厚生劳动省发布的《国民健康和营养调查》，每名日本人的日均蔬菜摄取量约为 276.5g，而国家制定的标准是 350g，因此日本人的蔬菜摄取量明显不足。

前面我们提到，美国人患癌率和癌症死亡率的下降与蔬菜和水果摄取量的增加有关，因此日本人也必须摄取更多蔬菜和水果才行。可以说，预防癌症、保持健康的密钥就是蔬菜和水果等植物性食物。

请重新检视你的饮食习惯，让自己每天的蔬菜摄取量达到 350g 以上吧!

植化素具有预防癌症的功效！

蔬菜和水果中
含有可防癌的植化素

前面我们说过，预防癌症的密钥是蔬菜和水果等植物性食物，那么，为什么蔬菜和水果可以预防癌症呢？

原因就在于植化素。

蔬菜和水果中，含有多种可统称为"植化素"的防癌成分。

植化素是植物为保护自身不受紫外线、害虫等侵害而制造出来的天然化学物质的总称。

90% 的植化素都存在于蔬菜、水果等植物性食物中，它是构成植物色素、香气与苦涩味道的成分。

　　植化素是植物所独有的天然功能性成分，包括我们人类在内的所有动物都无法制造出来。

　　近年来，人类对蔬菜和水果中植化素的研究取得了很大进步，目前我们已经知道植化素具有 10 种主要功能。

※ 植化素的主要功能

（1）消除活性氧，具有抗氧化功能。

（2）清除体内废物和有害物质，具有排毒功能。

（3）增强免疫力。

（4）抑制过敏和炎症。

（5）抑制癌症发病。

（6）净化血液。

（7）预防动脉硬化。

（8）具有减肥效果。

（9）抗衰老。

（10）缓解压力。

　　有一点希望各位记住，植化素并非营养素。

　　各位知道的"碳水化合物（糖类）、脂肪、蛋白质、维生素、水和无机盐"六大营养素，是人体的能量来源及构成身体的主要物质成分。

然而，植化素具有六大营养素以外的其他功能。

过去，植化素在营养学中遭到忽视，但其实它具有上述多种功效，其重要性不可小觑。

植化素通过 4 种功能
来预防癌症

接下来，我们就来具体介绍一下植化素所具备的防癌功效吧。

植化素的防癌功效主要来自它的以下 4 种功能：

① 抗氧化功能
（清除损害人体基因的活性氧，从而抑制癌症发展）

② 排毒功能
（清除致癌物质的毒性）

③ 提升免疫力功能
（增强攻击癌症的免疫细胞的活性）

④ 直接攻击癌症功能
（抑制癌细胞增殖 + 诱导癌细胞凋亡）

植化素的抗氧化功能，主要是指它能够有效清除人体内损害基因的活性氧。

我们通过呼吸将氧气吸入体内，其中约 1% 的氧气会变成具有超强氧化力的活性氧。

活性氧是人体的重要致病因素，它会让身体"生锈"（氧化），从而产生各种疾病及老化现象。

在所有活性氧中，毒性最强并能够引起基因突变而致癌的，就是氢氧自由基，但令人遗憾的是，我们人类自身并不具备使之无毒化的能力。

然而，α–胡萝卜素、β–胡萝卜素、槲皮素、杨梅黄酮（Myricetin）、山柰酚（Kaempferol）、芹菜苷（Apiin）等多种植化素，都可以有效清除人体内的氢氧自由基。

所谓排毒功能，是指植化素能够提升肝脏解毒酶的活性，促进人体化解致癌物质的毒性和排泄废物。

具有排毒功能的植化素，如异硫氰酸酯、瑟丹内酯（Sedanolide）、萝卜硫素（Sulforaphane）、姜黄素（Curcumin）、大蒜素（Allicin）、谷胱甘肽（Glutathione）等，皆富含于蔬菜中。

所谓提升免疫力功能，是指植化素能够增强人体淋巴细胞（NK 细胞、T 细胞、B 细胞）、巨噬细胞等免疫细胞的活性，从而提高人体自身抑制癌症的免疫力。

这些食物含有的植化素可消除氢氧自由基

胡萝卜、南瓜、洋葱、红酒、草莓、
蔓越莓、葡萄籽、茶叶、芹菜、香芹、西蓝花

这些食物含有的植化素具有排毒功能

卷心菜、芹菜、姜黄、
咖喱粉、西蓝花、萝卜、山葵、大蒜、芦笋

具有提高免疫力功能的植化素有 β-胡萝卜素、姜酚（Gingerol）、β-葡聚糖、褐藻糖胶（Fucoidan）、大蒜素等。

植化素直接攻击癌症的功能，是指它能够抑制癌细胞增殖，促使癌细胞凋亡。

具有这种功能的植化素有槲皮素、异硫氰酸酯、异黄酮（Isoflavone）、茄红素（Lycopene）、大蒜素等。

综上所述，我们可以看出，很多植化素都具有防癌功效，而且它们大都存在于我们熟悉的蔬菜中。

这些食物含有的植化素能够提升人体免疫力

胡萝卜、南瓜、生姜、大蒜、蘑菇类、海藻类、香蕉

这些食物含有的植化素可直接攻击癌症

洋葱、卷心菜、大豆、红茶、绿茶、西瓜、西红柿、羊栖菜、白菜、山葵、大蒜

『常备蔬菜汤』
可增加 43% 的白细胞！

"常备蔬菜汤"中
含有多种植化素

1990 年，当美国的"计划性食品清单"刚刚发布时，我正在哈佛大学研究癌症免疫疗法，因为我对植化素很感兴趣，所以便开始涉足营养免疫学这一新兴研究领域。

经过长年研究，我开始逐渐重视食疗的作用，时常思考使用何种食材、采用何种烹调方式，才能制作出一种可以预防和改善癌症的食物。

于是，在对癌症患者的饮食生活进行认真观察和思考后，我研制出了这款"常备蔬菜汤"。

"常备蔬菜汤"使用的 4 种食材——卷心菜、胡萝卜、洋葱、南瓜——里面分别含有多种植化素。

※ 卷心菜

◎ 异硫氰酸酯

可以清除致癌物质的毒性，预防癌症。

抑制癌细胞增殖。

诱导大肠癌、前列腺癌等癌症的癌细胞凋亡。

※ 胡萝卜

◎ α-胡萝卜素

利用抗氧化作用来预防癌症。

有报告指出，多摄取 α-胡萝卜素，尤其能够降低罹患肺癌的风险。

◎ β-胡萝卜素

消除活性氧，预防癌症。

增强免疫细胞的活性。

※ 洋葱

◎ 异蒜氨酸

利用抗氧化作用来预防癌症。

◎ 槲皮素

利用抗氧化作用来预防癌症。

抑制癌细胞增殖。

※ 南瓜
◎ β-胡萝卜素

消除活性氧，预防癌症。
增强免疫细胞的活性。

由此可见，"常备蔬菜汤"所使用的 4 种蔬菜都含有可预防癌症的植化素，而且全部都是我们随处可以买到的常见蔬菜。同时，蔬菜汤中含有我们人体一日所需分量的各种营养素，例如可提高免疫力的维生素 A、C、E 等强力抗氧化物质；还含有可促进胃肠蠕动、吸附肠道中有害物质的膳食纤维，含量大约是一日所需分量的一半。

用简单易做的蔬菜汤
来消除对癌症的恐惧

"常备蔬菜汤"虽然只用 4 种蔬菜加水烹煮，非常简单，但汤中却含有丰富的防癌抗癌物质。

在这个患癌者众多的时代，说我们时时刻刻都活在谈癌色变的恐惧中，一点儿都不为过。然而，至今市面上仍然没有专门预防癌症的特效药。

因此，我们想要预防癌症，就必须重新检视自己的生活习惯，特别是每日的饮食习惯。

健康不是通过一天的努力就能唾手可得的，为了保持健康，我们需要每天持之以恒地采取有效的防癌对策。

"常备蔬菜汤"的做法非常简单，无论你会不会烹饪，都能轻松上手。请从今天起就将蔬菜汤端上餐桌，用它来维护各位及家人的健康吧！

"常备蔬菜汤"可将癌症患者的白细胞数量提高 43%

为什么有人会患癌，有人不会患癌呢？你认为两者的差别在哪里？

差别就在于两者的"免疫力"。

免疫力强弱决定癌症会不会找上门来。

人类的身体有一套覆盖全身的免疫防卫系统。一般情况下，巨噬细胞、NK 细胞等"巡逻部队"会随时在体内巡逻，查看是否有癌细胞等异物闯入，一旦发现便会展开攻击，将其清除。

如果出现光靠这些"巡逻部队"不足以应付的狠角色时，"杀伤性T细胞"（Killer T Cell）这种免疫细胞，以及淋巴细胞所释放出来的"细胞因子"（Cytokine）这种特殊蛋白质就会和癌细胞战斗。

此外，同样担任免疫卫士的白细胞，一旦数量减少、活力降低，人体的免疫力便会下降，癌症的恶势力就会变强。换句话说，只有保持良好的免疫力，人体才有能力对抗癌细胞。

在许多癌症患者的协助下，我研究了人体在摄取"常备蔬菜汤"后，血液中白细胞数量的变化情况。

我随机选取了6名因抗癌剂的副作用而导致白细胞数量减少的患者，检查他们血液中的白细胞初始数量，然后让他们每天3次，每次喝200mL蔬菜汤。

两周后，我再次检查他们血液中的白细胞数量，并比较他们在喝汤前与喝汤后白细胞数量的变化情况。

结果出乎我的意料。**所有人的白细胞数量居然都增加了，而且平均增加43%。**

这个实验证明，摄取"常备蔬菜汤"确实能在一定程度上提升人体的免疫力。

摄取"常备蔬菜汤"后白细胞数量的变化情况

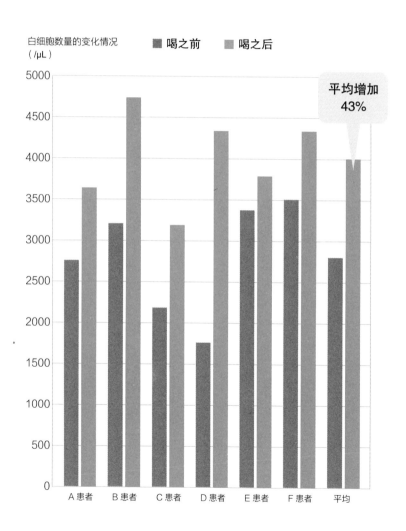

白细胞数量的变化情况
（/μL）

■ 喝之前　■ 喝之后

平均增加
43%

A患者　B患者　C患者　D患者　E患者　F患者　平均

用餐时先喝蔬菜汤，既可抑制血糖上升，又可减少内脏脂肪！

炖煮成汤
是一大关键

我想一定会有人认为，既然蔬菜中含有丰富的植化素，每天直接吃蔬菜沙拉岂不比煮蔬菜汤更加方便省事？

吃蔬菜沙拉的确很省事。

不过，如果只是生吃蔬菜，就无法有效地摄取蔬菜中的植化素。

大量植化素都存在于植物的细胞中，而植物细胞最外侧的结构是一层坚固的细胞壁。

细胞壁由坚韧的纤维素构成，菜刀和人体的消化酶都不足以充分破坏它。

因此，生吃再多的蔬菜，都无法有效吸收蔬菜中的植化素。

但是，有一种方法可以轻易地破坏细胞壁。

那就是加热。

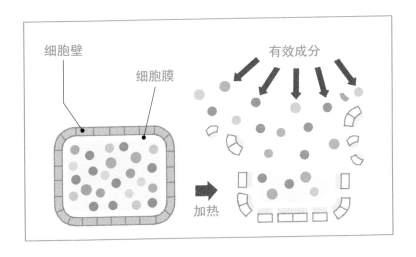

将蔬菜加热熬煮成汤，蔬菜的细胞壁会遭到破坏，细胞中80%~90%的植化素就会溶解在汤汁中，更容易被人体所吸收。

植化素十分耐热，因此加热也不会遭到破坏，其抗氧化的效果自然不会有所损失。

换句话说，同样的蔬菜，如果吃法错误，功效便无法有效发挥出来。

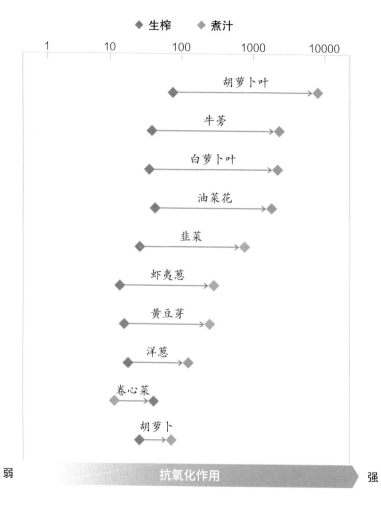

大部分蔬菜经过水煮，
抗氧化作用会变强

◆ 生榨　　◆ 煮汁

胡萝卜叶

牛蒡

白萝卜叶

油菜花

韭菜

虾夷葱

黄豆芽

洋葱

卷心菜

胡萝卜

弱　　　　　　　　　抗氧化作用　　　　　　　　　强

（摘自日本熊本大学医学部微生物学研究室前田浩教授等人的研究资料）

为了能够帮助大家充分摄取蔬菜中的植化素，我不断地研究和调整，最终研制出这款"常备蔬菜汤"。

用餐时先喝蔬菜汤，
减肥瘦身，降低患癌风险

到这里，相信各位已经明白蔬菜汤所具有的多种神奇功效了吧。

不过，在开始喝汤前，有一件事情希望各位注意。

那就是，必须在用餐前先喝蔬菜汤。

原因之一是，先喝温热的汤汁，不仅能够增加饱腹感，减少食物的摄取，而且能够加强"食物热效应①"，增加饮食过程中热量的消耗。

另一个原因是，先摄取蔬菜汤，血糖值就不会快速上升，这样有助于抑制胰岛素的分泌，从而使身体维持在不

---

① 食物热效应是指人体在摄食过程中，除夹菜、咀嚼等动作之外，还要对食物中的营养素进行消化吸收和代谢转化，从而引起能量额外消耗的现象。

囤积多余的内脏脂肪、血糖值稳定的良好状态。

胰岛素虽然是人类不可或缺的重要物质，可以将葡萄糖转换成能量供身体使用，但胰岛素还能控制体内脂肪的代谢，如果分泌过多，就会使人越来越胖。

如今，减肥人群不仅要关注摄取热量的多少，而且需要重视餐后血糖值的变化情况。如果先吃米饭、面食等高碳水化合物类食物，餐后的血糖值会快速上升，身体就会分泌大量胰岛素，自然也就容易发胖了。

不摄取高碳水化合物类食物虽然可以抑制胰岛素的分泌，但每日三餐都不吃米面类食物实在太难了，因此我不推荐这种极端方法。

减肥瘦身的关键在于吃的顺序。

我在减肥门诊坐诊时，总是推荐大家在每餐前先喝蔬菜汤。希望大家可以采取下面的饮食顺序。

将蔬菜汤细嚼慢咽后再喝下去，能温暖胃肠等内脏器官，从而加强"食物热效应"，促进新陈代谢。

接着吃富含膳食纤维的蔬菜以及蘑菇类、海藻类等食物，然后吃富含优质蛋白质的鱼、肉、大豆等食物，最后再吃米饭或面食。

根据我的经验，采用这种饮食顺序，吃到最后，肚子已经差不多饱了。因此，应该吃不了多少米饭或面食。

这样自然而然就会减少糖类的摄取量。

此外，先喝蔬菜汤能有效抑制血糖值飙升。一旦体内的血糖值趋于稳定，即便不刻意减肥，也能自然变瘦。

众多研究表明，糖尿病患者或糖尿病预备军的患癌风险比正常人群要高，而且分泌过多的胰岛素还会催化"癌芽细胞"滋生。

因此，采用饭前先喝蔬菜汤的方法，不仅能有效控制血糖值，维持良好的身体状态，而且也能有效预防癌症。

除此之外，蔬菜汤还有很多其他健康功效，我将在接下来的章节继续说明。

养成多吃蔬菜和水果的好习惯！

除了蔬菜汤，
还有哪些食物能够防癌呢？

前面我已经解释了蔬菜汤能够防癌抗癌的原因，接下来我要向各位介绍，除了"常备蔬菜汤"中的食材，还有哪些食物可以抑制癌症。

西蓝花、白菜、卷心菜 ➡ 食管癌、胃癌、肺癌

大蒜 ➡ 大肠癌

咖啡、黄绿色蔬菜 ➡ 肝癌

大豆制品 ➡ 乳腺癌

大豆制品、西红柿 ➡ 前列腺癌

西蓝花、白菜、卷心菜里面含有异硫氰酸酯，大蒜里面含有蒜氨酸（Alliin），咖啡中含有绿原酸（Chlorogenic Acid），黄绿色蔬菜中含有 α- 胡萝卜素、β- 胡萝卜素，大豆制品中含有异黄酮，西红柿中含有茄红素。

这些全是植化素。

举例而言，咖啡中富含具有强抗氧化作用的多酚类物质，其中的代表成分就是前面提及的绿原酸。

而且，多酚类化合物的抗氧化力比红酒中的黄酮类化合物（Flavonoid）更强。

有研究结果显示，每天喝超过 5 杯咖啡的人，肝癌的发病率会下降四分之一。

我会建议来我们医院就诊的前列腺癌患者，每天吃半块豆腐和两颗西红柿，因为大豆的异黄酮和西红柿的茄红素，皆有防治前列腺疾病的功效。

大豆的异黄酮具有类似于雌激素的作用，可降低罹患前列腺癌的风险，也有改善更年期障碍、预防骨质疏松症的效果。

豆类中，大豆、黑豆、红豆、绿豆都有较强的抗氧化力。这些豆类不仅能够防癌，也能预防生活习惯病，因此一定要常吃多吃。

像这样，只要知道各种食物含有的植化素及其功效，便能针对自身情况对症下药，有效改善自己的饮食习惯和身体状况。

植化素能够清除体内的活性氧，防止基因受损，并且能够增强人体的免疫力，然而遗憾的是，我们人类却无法在体内制造它。因此，我们必须通过摄取蔬菜、水果等食物来补充植化素。

植化素是植物保护自身不受紫外线和害虫伤害的重要成分，因此，露天栽培的时令蔬菜和水果的植化素含量最丰富。如今，市面上有许多汇整各季节蔬菜和水果的书籍，网上也有很多相关资料，我们可以轻松得知各种蔬菜和水果的盛产时节。

也就是说，我们购买果蔬时，最好选择露天栽培的时令果蔬，这样才能最大限度地摄取植化素。

此外，蔬菜和水果的皮、叶、籽等也都富含植化素，因此请充分利用果蔬，不要浪费。

还有一点，蔬菜的营养成分会随着时间逐渐流失。例如菠菜中的维生素 C，无论冷藏或冷冻，都无法长期保存，所以蔬菜买来后，不宜保存太久，最好尽快食用。

如果你家里有菜园，就能随时吃到新鲜蔬菜，但如果必须去超市或菜店购买的话，那就最好选购新鲜的产品，并尽快食用。

希望你每日三餐都能多吃富含植化素的新鲜蔬菜和水果，并养成良好的饮食习惯。

第三章

恢复元气，提高人体自愈力！
培养出"抗癌体质"的经验谈

肝癌稳定了，心情开朗了！『常备蔬菜汤』让我有力气活下去！

我是一位 60 多岁的家庭主妇，我一直对自己的健康很有自信，因此时隔几年我才会接受一次健康检查。结果在某次检查时，我发现自己竟然患上了乙型肝炎及肝硬化。然后，我去看肝病专家高桥医师的门诊。

　　高桥医师在诊断后表示，我的肝脏 B 超影像报告上有阴影，可能是肝癌。

　　于是我到综合医院接受更精密的检查，结果证实我的确罹患肝癌。

　　听到这个噩耗，我相当震惊，在很长一段时间都生活在死亡的恐惧之中。

　　在这种情况下，我再次接受了高桥医师的诊治，并通过他的介绍了解了"常备蔬菜汤"。

我患有肝硬化，医生建议我必须控制饮食，但我常常不知道该吃什么好，得知这个蔬菜汤后，我决定相信它，并坚持实践下去。

肝癌可以使用非热无线电波进行靶向治疗，因此我选择在综合医院接受治疗。

之后，我每3个月在综合医院检查一次，乙型肝炎的治疗则在高桥医师那儿进行。

按照高桥医师的建议，我每次吃饭时都会先喝蔬菜汤。我对蔬菜汤的清淡味道并不反感，反而觉得非常适合我平时的口味。

现在我的肝癌病情稳定，恢复良好，每个月都进行定期检查，肝功能的各项数值也都很正常。

不仅如此，我的身体还出现了许多其他良性变化。

其中之一就是血压下降了。

还有一个变化，就是排便比以前更顺畅了，现在我每天都会排便。

更加不可思议的是，尽管我没有刻意减肥，但是半年左右我竟然很健康地减重15kg。

这些变化真的很令人吃惊。

高桥医师也说："你比以前更加开朗了。"自从坚持饮用蔬菜汤后，我的心情比之前更加积极乐观，也更喜欢尝试各种挑战。

我相信，"常备蔬菜汤"会伴随我一路走下去，成为我人生中不可或缺的饮食伴侣。

「常备蔬菜汤」帮助我

在肺癌术后恢复体力和食欲，

让我变得更加有活力！

我是一位 70 多岁的家庭主妇，在搬到东京麻布区后的一段时间内，我的身体状况非常糟糕，每次走上坡路都会喘不过气，背部和左胸时常会感到疼痛。

　　于是我去高桥医师所在的麻布医院做了胸部 X 光检查，结果发现左肺有阴影。

　　随后，我在高桥医师的建议下接受了正电子断层扫描等检查，最终被确诊为左肺恶性肿瘤，属于第二期。

　　执刀医师惊讶地说："高桥医师光看 X 光片就能看出问题，真厉害！"因为这个肿瘤就藏在动脉后面，不易察觉，手术的难度也非常大。

　　术后我住院两周，接受抗癌药剂的治疗。

　　原本这种抗癌药剂的治疗需要进行 4 次，但因为我体内的白细胞数量显著减少，身体状况很差，所以只做一次就停止了。

在手术和抗癌药剂的副作用的双重影响下，我的体力衰退严重，且食欲大减。

这时，我开始喝女儿煮的"常备蔬菜汤"。

蔬菜汤的味道非常鲜美，天天喝也不会腻。即便我体力衰退，食欲不振，也能够喝得下这种蔬菜汤。

多亏了蔬菜汤，我的体力逐渐恢复，而且比预期更早地恢复至正常生活。

我听病友们说，他们出院后体力都难以复原。我真后悔没有早早地把蔬菜汤推荐给他们。

直到今天，我在早餐和晚餐时，都会先喝蔬菜汤。

以前，我以为要把蔬菜汤里的食材全部吃完才行，但后来才知道蔬菜的有效成分已经溶解到汤里面了，光喝汤也可以。

肺癌手术后必须定期跟踪检查，一直到现在，我的各项检查结果都很正常。

而且，我觉得自己比患癌前更有活力了。

自从喝了蔬菜汤后，我的胆固醇和血糖值也都很稳定，始终保持在标准值以内。

我真的感觉到，"常备蔬菜汤"让我的身心都充满元
气和活力。

肝功能、低密度脂蛋白、中性脂肪的数值都改善了！『常备蔬菜汤』让我的体态更加轻盈，精力也更加旺盛！

我是一名健身教练，今年 50 岁。我的工作是帮助别人保持健康的身体，但我自己的肝功能指数却不佳，而且我又做了手肘手术，无法运动，因此体重飙升……

这两项烦恼让我最终意识到，自己必须要做出改变了，恰巧此时我听说了"常备蔬菜汤"的功效，于是我开始尝试饮用蔬菜汤。

在喝蔬菜汤之前，我早餐都只喝一杯咖啡而已，后来就改成喝蔬菜汤了，这样不但能够摄取更丰富的营养，而且更有饱腹感。

晚上我会先喝蔬菜汤，然后再吃肉类和蔬菜沙拉，尽量少吃或不吃碳水化合物。

我爱喝酒，之前经常喝，但高桥医师建议我每天只喝一杯红酒或一杯啤酒就好。事实上，自从开始喝蔬菜汤后，我发现自己喝酒的次数也少了。

这样的饮食生活持续 5 个月后，我的肝功能指标明显有所好转，中性脂肪、低密度脂蛋白等数值也都得到了改善，同时，我的体重也减轻了 5kg。

除了身体变得轻盈，我还觉得自己的精力比以前更旺盛了。总之，我的身体和精神等各方面都有了相当大的改善，使我在工作和生活中变得游刃有余。

尤其是在工作上，我常常忙得不可开交，以前总是疲于应付，但现在我却能精力充沛地应对自如。

蔬菜汤只是用水煮蔬菜而已，非常简单，可是连讨厌蔬菜的我都觉得很好喝，越喝越上瘾，真是不可思议，我现在都离不开它了。而且蔬菜汤易于保存，每次多做一些放在冰箱里，需要的时候拿出来加热一下即可食用，简直太方便了。

今后，我仍会继续饮用蔬菜汤，坚持不懈地打造不畏疲劳、不易生病的强健体魄。

如此简单而美味的蔬菜汤，我相信每个人只要尝试过哪怕一次，也一定会爱上它并坚持食用下去。我希望越来越多的人都能养成喝蔬菜汤的习惯，像我一样每天充满活力地工作和生活。

　　真的非常感谢高桥医师向我推荐的这道蔬菜汤。

健康高效，无副作用，
我靠『常备蔬菜汤』减肥成功！

我是一位 50 多岁的私营业主。我之所以知道"常备蔬菜汤"，是一位男性友人告诉我的。有一天，他兴奋地对我说："我遵照医院的饮食指导，3 个月就瘦了 7kg。"

　　我上网一查，才知道麻布医院的减肥门诊会为患者量身定制一套个人专属的减肥计划。这套减肥计划结合运动、饮食和药物治疗，不仅效果显著，而且减肥成功后不会反弹。

　　于是我立刻去了麻布医院的减肥门诊。做过血液检查后，我才得知自己罹患血脂异常症，血压和低密度脂蛋白的数值都远高于标准值。

　　医师告诉我，如果不控制盐分和脂类的摄取，我是不可能瘦下来的。

于是我开始戒酒，并根据医师的指导改善了自己的饮食习惯：三餐用餐前先喝蔬菜汤；如果在外面用餐，就依照蔬菜、肉类和海鲜类、碳水化合物的顺序进食。

第一次喝蔬菜汤时，我还有些担忧："万一很难喝怎么办？"结果没想到非常可口，我现在已经越来越爱喝蔬菜汤了。我还会在这种蔬菜汤中加入其他食材做给家人吃，他们都吃得很开心。

根据我的经验，喝蔬菜汤会产生饱腹感，因此我的饭量变得比以前小了。

开始减肥的第一周我瘦了 2kg，3 周瘦了 4.2kg，5 周瘦了 5kg，3 个月后成功减重 6kg，之后体重也没有出现反弹。

能够达成减肥目标固然令人高兴，但更令我开心的是蔬菜汤能够预防生活习惯病，打造健康的体质。

我早餐时喝一碗蔬菜汤，一整天都会觉得神清气爽。另外，蔬菜汤还可以保存在冰箱中，无须顿顿熬制，这对家庭主妇而言简直是一种福音。

我不会因为减肥成功而停止喝蔬菜汤，相反，为了保持身体健康，我还会继续自己的蔬菜汤生活。

第四章

万能汤品，效果超神奇！
"常备蔬菜汤"让你
远离生活习惯病！

改善高血压，预防动脉硬化和糖尿病！『常备蔬菜汤』让你的血糖和血压值更稳定！

蔬菜汤有助于保护血管，
改善血液循环

"健康者的血液是什么样子的？"

面对这个问题，你会作何想象呢？

大部分人的想象应该是血液充沛而清澈，血流顺畅无阻塞吧。

没错，血液清澈、血流顺畅的人大多都很健康，而肥胖或患有血脂异常症的人，血液多半混浊且循环不畅。

日本人死因的第一名是癌症，其次就是心肌梗死、脑卒中等心脑血管疾病。

为什么会产生这些疾病，各位知道吗？

原因就是血管中产生了一种名为"血栓"的血块，把血管堵住了。

身体健康者的血液都很清澈，而且血液在血管中循环顺畅。但是，饮食生活长期不健康，就会导致血液中的低密度脂蛋白含量升高。这些低密度脂蛋白非常容易被活性氧氧化，一旦氧化，就会堆积在血管壁上，形成所谓"斑块"（Plaque）。

血管中一旦有斑块，血管壁就会增厚变硬，出现细微的凹凸不平，从而造成动脉硬化。而且，如果这些斑块受损破裂，血液中的血小板便会聚集黏附在血管壁周围，造成凝血异常，引起血栓。

脑部血管出现血栓，血液循环不畅，便会导致脑梗死和脑出血（两者合称"脑卒中"）。

倘若这种情况发生在心脏，便会导致心肌梗死。

因此，如果我们不想让脑卒中和心肌梗死找上门，就一定要预防动脉硬化和血栓。

动脉硬化是由血管老化引起的，是一种年纪大者极易出现的症状。如果同时伴有高脂血症、糖尿病、高血压、肥胖等症状，情况就会更容易恶化。

而要预防血栓，就要时刻保持血液清澈。

因此，从现在开始喝"常备蔬菜汤"吧。

蔬菜汤具有清除血液中垃圾、预防动脉硬化的作用，还具有改善糖尿病、高血压和肥胖症的效果。

具体来说，卷心菜中的异硫氰酸酯和洋葱中的槲皮素，都是具有清血功效的植化素。卷心菜中的异硫氰酸酯能够抑制血小板聚集，预防血栓的形成。洋葱中的槲皮素是多酚的一种，也具有清血功效，富含于洋葱外皮中。

此外，胡萝卜和南瓜中的 β-胡萝卜素，以及洋葱中的槲皮素都具有较强的抗氧化力，能够有效防止低密度脂蛋白被氧化，预防斑块的形成与动脉硬化。

因此，具有上述症状困扰的人群一定要多喝"常备蔬菜汤"。

另外，来我这里就诊的患者，很多都因为喝蔬菜汤而减肥成功了，而且他们的血糖和血压值也都十分稳定。

总而言之，"常备蔬菜汤"不仅能够抗癌，还能预防和改善与血管或血液相关的可怕疾病，堪称食补佳品。

减少盐分摄取，
降低胃癌风险

日本的和食被誉为世界级的健康食物，但其实它的盐含量太高了。

例如，渍物（日本料理中的咸菜）、烤鱼等，都含有大量盐分。

经常吃这样的早餐，摄取的盐分比吃面包喝咖啡的西式早餐还要多。

然而日本人并没有意识到高盐食物的危害，反而觉得少盐的食物没有味道。

但是，你有必要知道，摄取过多的盐分会增加患癌风险，尤其容易罹患胃癌。

为什么容易患胃癌呢？

因为摄取过多的盐分，会导致胃黏膜的屏障（免疫）功能下降，无法抵御致癌因子幽门螺杆菌的攻击，自然就容易滋生"癌芽细胞"。

因此，为了降低这种风险，请大家早日改善自己的饮食口味。

不过，对于吃惯高盐食物的人来说，想要他突然改吃清淡的食物的确有些困难。所以，我建议大家可以通过饮用"常备蔬菜汤"来逐步改变饮食口味。

"常备蔬菜汤"完全不使用盐、味精等调味料，因此能够品尝到蔬菜鲜美甘甜的原汁原味。

每顿喝一碗蔬菜汤，坚持一段时间，等逐渐习惯了清淡口味，自然就不想吃太咸的食物了。

这时再将日常饮食全面改成清淡少盐的食物，自然就能水到渠成，养成低盐的饮食习惯。

我相信，只要使用这个方法，即使口味再重的人，也能够改变饮食口味，养成清淡饮食的好习惯。

总而言之，只要坚持饮用"常备蔬菜汤"，就能自然而然地减少盐分摄取，这样不仅能有效降低患癌风险，还能避免因摄入食盐过多而引起的细胞肿胀、血管管腔狭窄等问题，从而保持血压稳定。

降低了中性脂肪堆积以及糖化、氧化压力，肝脏功能就会逐渐改善！

肝脏出问题时，
可以尝试蔬菜汤

如果你经常感到疲惫、食欲不振、不想吃油腻食物或者觉得酒变难喝了，那很可能是你的肝脏出问题了。

肝脏是人体内最大的内脏器官，它的功能很多，能够分泌胆汁、储藏糖原，调节蛋白质、脂肪和碳水化合物的新陈代谢，还具有解毒、造血和凝血的作用。

肝脏承担着很多重要功能，如果不好好保护它，就会很容易生病。今天的日本人中，每4人就有1人罹患脂肪肝。所谓脂肪肝，是指由各种原因引起的肝细胞内脂肪堆积过多的病变。

一般来说，身体健康者的肝脏会有 2%~3% 的脂肪。但是，如果一个人过度饮酒、暴饮暴食、缺乏运动，他的肝细胞内就会堆积过多的中性脂肪从而形成脂肪肝。

脂肪肝和病毒性的肝脏疾病不同，它不会导致肝功能大幅下降，因此许多人就会对其忽视或者放任不管。然而，对脂肪肝放任不管是相当危险的。

以前，一般认为造成脂肪肝的主要原因是饮酒，但如今很多不饮酒的人也会出现"非酒精性脂肪肝"。这种类型的脂肪肝是由暴饮暴食或缺乏运动等不良生活习惯引起的。

此外，患有糖尿病、高血压、肥胖症或血脂异常症的人也比较容易罹患非酒精性脂肪肝。

如果非酒精性脂肪肝发炎的话，就会变成"非酒精性脂肪性肝炎"（NASH）。非酒精性脂肪性肝炎是一种肝脏发炎并持续纤维化的疾病。

非酒精性脂肪性肝炎的发病机制目前尚不明确，但有人提出了"二次打击理论"（Two-Hit Theory）。第一次打击主要是由于肥胖、糖尿病、高脂血症等伴随的胰岛素抵抗让脂肪囤积在肝脏，形成脂肪肝。

第二次打击是由于脂质过氧化、细胞因子和铁元素过多而产生氢氧自由基等，进而产生氧化压力（Oxidative Stress），最终导致脂肪肝发炎，形成非酒精性脂肪性肝炎。

也就是说，非酒精性脂肪肝遭遇二次打击，就会引发非酒精性脂肪性肝炎。而造成二次打击的原因是过度疲劳、运动不足，以及铁元素摄取过多、蔬菜摄取不足、暴饮暴食等不良饮食习惯。

一旦罹患非酒精性脂肪性肝炎，肝脏就会不断纤维化，纤维化的肝脏会逐渐变硬，且肝功能衰退。如果不及时治疗，20%~30% 的概率会在 10 年左右恶化成肝硬化或者肝癌。

为了预防这种可怕的疾病，我们必须要改善自己的生活习惯。

由酒精引起的脂肪肝可以通过戒酒来改善，而非酒精性脂肪肝和非酒精性脂肪性肝炎就要靠改变饮食习惯来改善了。

在此，我强烈推荐蔬菜汤。

针对改善脂肪肝的方法，或许你想到的是少吃油腻食物，但更需要注意的是减少糖类的摄取。

目前已经有研究表明，经常摄取糖类的人，更容易罹患脂肪肝。

因为摄取糖类过多，会导致体内的血糖值飙升，从而促使胰腺分泌大量胰岛素，而胰岛素会将多余的糖类转化成中性脂肪囤积在肝脏。因此，想要预防脂肪肝，就不能让血糖值飙升。

用餐时先喝蔬菜汤，接着吃鱼、肉等蛋白质，最后再吃米和面等碳水化合物，这样就能有效减少糖类的摄取，从而防止胰岛素的快速分泌。

如果大家能养成喝蔬菜汤的习惯，每日三餐按照上面的饮食顺序进行，那么肝脏一定会非常健康。

不要再为"究竟该怎么吃才好"而烦恼了，只要养成摄取蔬菜汤的习惯即可。

很多来我这里就诊的患者，都通过喝蔬菜汤改善了自己的肝脏功能。

"常备蔬菜汤"中的卷心菜含有异硫氰酸酯，这种植化素可以提升肝脏解毒酶的活性，化解体内有害物质的毒性，因此能够有效改善肝功能。

此外，胡萝卜中的 α-胡萝卜素、胡萝卜和南瓜中的

β-胡萝卜素、南瓜中的维生素 E，都具有很强的抗氧化力，能够有效消除伤害肝脏的氢氧自由基，而卷心菜和南瓜中的维生素 C 也有预防氧化压力的作用。

所以，那些担心肝脏出问题或者希望肝脏健康的人，请务必从今天起就开始食用"常备蔬菜汤"；而脂肪肝患者只要坚持每日喝这种蔬菜汤，肝功能就一定会有所改善。

希望大家每天都能用蔬菜汤来慰劳自己那辛苦工作的肝脏！

『常备蔬菜汤』可以缓解眼睛瘙痒、鼻塞、身体倦怠等过敏症状！

蔬菜汤对多种过敏症状
都有效果

阳春三月，春暖花开，这本是郊游的好时节，却也是
人们最易患花粉过敏症的季节。打喷嚏、流鼻涕、鼻塞，
这些都是花粉过敏症患者的常见症状。有人还会出现眼睛
瘙痒、眼睛充血、流泪不止等症状，严重者还会罹患气管
炎、支气管哮喘病、肺心病等。

花粉过敏症可以说是日本人的国民病，患者人数每年
都在不断增加。深受过敏性鼻炎、异位性皮肤炎之苦的更
是不分年龄，大有人在。

大家一定都想知道有何方法可以不靠药物，就能解决

过敏的痛苦症状吧？不过要想找到解决办法，首先就要了解产生过敏症状的原因。

我们的身体具有免疫系统，当病毒等异物入侵时，免疫系统会在体内制造"抗体"以攻击异物。

但是，如果这个免疫系统失衡，即便是对身体无害的物质，它也会过度反抗，认为"这不是自己人"，从而加以攻击。这种过度的攻击行为就会引发过敏症、异位性皮肤炎等。

如果攻击力太强，变成过度攻击自己的身体，就会产生类风湿性关节炎等胶原病，即我们常说的"自身免疫性疾病"。

患类风湿性关节炎的人，手脚关节处时常会肿痛，继续恶化下去则会导致关节变形。这种疾病虽然与年龄无直接关系，但多发于 30~50 岁。

在日本，30 岁以上的人约有 1% 患有类风湿性关节炎，其中女性患者比男性患者多，其数量约为男性患者的 3 倍。

胶原病是一种各脏器慢性发炎的疾病，类风湿性关节炎就是一种胶原病。

这种疾病的症状形形色色。很多人看似健康，其实深受其苦，每天都期盼着能过上健康者的生活。

很多蔬菜中的植化素都具有抑制过敏、消除炎症的功效，例如生姜中的姜酚、青椒中的木犀草素（Luteolin）、蔓越莓中的原花青素（Proanthocyanidin）等。其中，洋葱中槲皮素的抗过敏和抗炎症作用尤其突出，欧洲人称之为"花粉症的解药"。

这里稍微谈一下洋葱。自古以来，洋葱就是中东、印度和欧洲人常吃的食物。

根据文献记载，古代埃及建造金字塔的劳工都靠吃洋葱来增强体力。也就是说，洋葱这种蔬菜的功效从古代起就一直被人们所重视。

洋葱中的槲皮素具有抑制"IgE 抗体[①]"产生的作用。此外，洋葱还具有抑制细胞因子过度产生的作用，细胞因子与类风湿性关节炎等严重的炎症息息相关。

---

①即免疫球蛋白 E，免疫球蛋白 E 升高会引发机体的过敏反应。

如果你正在深受过敏症状的折磨，那么我建议你除药物治疗以外，不妨多喝"常备蔬菜汤"，通过摄取植化素来减轻过敏症状。

再给大家提供一个信息，洋葱中的槲皮素多含于洋葱外皮中。因此，煮蔬菜汤时，不必费力地将洋葱外皮剥掉，最好连皮一起煮。当然，还可以将洋葱皮、削下的胡萝卜皮和南瓜子等一起洗净，放入泡茶袋中，再和蔬菜一起入锅煮汤。

『常备蔬菜汤』有助于肠道健康，让你的身体由内而外重焕光彩！

消除便秘！
从肠道开始恢复健康

每次上厕所，都要苦苦蹲数十分钟，一点儿畅快感都
没有……

不少人都因便秘而烦恼，其中女性朋友居多。有人从
年轻时就开始慢性便秘，有人则是上了年纪因体内激素发
生变化而时常便秘。

虽说症状相似，但便秘也可分为不同的类型。

大体来说，便秘可分为"功能性便秘"与"器质性便
秘"两大类。

比较常见的弛缓性便秘就属于功能性便秘，这种便秘

是由肠道松弛、无法正常蠕动造成的。弛缓性便秘多发生于女性及高龄者群体。一旦患上了这种便秘，粪便会长时间滞留于大肠中，并且逐渐失去水分。

痉挛性便秘也是功能性便秘的一种，这种便秘是由于自律神经失调，胃肠无法顺利蠕动，以致排便不顺畅。患者的粪便就像兔子的粪便一样，呈圆形颗粒状。

功能性便秘的第三种是直肠性便秘。直肠性便秘是指粪便已到达直肠，但因为神经反应迟钝，不能引发便意而引起排便困难。这种便秘多发生在高龄者和习惯憋便的人身上。

器质性便秘通常是指脏器的器质性病变所导致的便秘症状，例如消化道疾病、内分泌代谢疾病、神经系统疾病等所导致的便秘。

便秘患者会出现腹胀、腹痛等不适症状，有时还会出现皮肤粗糙、食欲不振、精神萎靡等症状，日子过得无精打采。

此外，便秘的人往往有易胖倾向，甚至因肠道环境恶劣，有害菌大增而提升罹患大肠癌的风险。

因此，对于便秘患者，我强烈推荐他们饮用"常备蔬菜汤"。

蔬菜汤中含有各种植化素，也含有丰富的膳食纤维，对促进排便十分有效。

膳食纤维分为两种。

一种是水溶性膳食纤维。

这是可以溶于水的膳食纤维，具有持水性与黏性。经常摄取水溶性膳食纤维可增加肠道的益生菌，有效改善肠道环境。

另一种是非水溶性膳食纤维。

这是不能溶于水的膳食纤维，它会吸收肠道的水分，而吸收水分后，粪便量便会增加，肠道就会加快蠕动来促进排便。

"常备蔬菜汤"中同时含有这两种膳食纤维。

卷心菜和洋葱中含有水溶性膳食纤维，胡萝卜和南瓜中含有可增加粪便量的非水溶性膳食纤维。

一般来说，每日摄取膳食纤维的标准为成年男性 20g 以上，成年女性 18g 以上。

但是，由于近些年人们饮食习惯的改变，对蔬菜的摄取量不断减少，很多人都达不到这个标准。

从前，日本人从早餐起就会喝味噌汤，里面就放了许多富含膳食纤维的蔬菜，例如胡萝卜、牛蒡等。

然而现在早上喝味噌汤的日本人恐怕只有一小部分，由于时间紧张，大部分人的早餐都是一片吐司配上一杯咖啡而已。

虽然市面上也有富含膳食纤维的保健食品，但如果条件允许，我们最好还是通过饮食来摄取膳食纤维。每天食用两碗"常备蔬菜汤"，连汤料一起吃掉，便可轻松摄取到一日所需膳食纤维。

排便顺畅是身体健康的一种表现，想要每天轻松排便，多喝蔬菜汤准没错。

此外，想要改善便秘，除了要饮食健康，还要保证充足的睡眠，并进行适度的运动等。简而言之，就是要全面养成良好的生活习惯。

比任何减肥方法都有效！
『常备蔬菜汤』能够帮你
维持理想体型！

不想变胖，
就利用蔬菜汤来控制血糖值

年过四十，每每揽镜自照，都会对自己日益走样的身材感到苦恼。去年还能穿的衣服，现在已经穿不上了。看着日渐发福的身体，心情大受影响。

爱美之心，人皆有之。无论男女老少，都想保持匀称健美的身材。但是，人过中年后，即便保持和年轻时同样的生活和饮食习惯，依然逃不掉身体发福的命运。

饮食造成肥胖的原因有两个："热量"与"糖类"。

如果想要保持健康苗条的身材，首先就要注意维持热量的摄取与消耗之间的平衡。

当摄取的热量高于日常活动所消耗的热量时，多余的热量就会变成脂肪囤积在体内，从而导致身体发胖。而仅靠运动来消耗热量其实并不容易，因此很多人就会采用一些减少热量摄取的饮食减肥法。

说到饮食减肥，减肥业界多年来的关键词始终是"热量"，但近年来"糖类"这个词也开始受到大家的重视，因为它也是我们不可忽视的发胖原因。

相信很多人都听过"控糖减肥法"。

糖类进入我们的身体后，会转化成葡萄糖，血液中的葡萄糖就是"血糖"。当我们吃下米饭、面条、面包等高碳水化合物类食物后，血糖值会快速上升，这时胰腺就会分泌胰岛素促使血糖值下降。

这个胰岛素是狠角色。胰岛素具有促进肝脏、肌肉和脂肪等组织摄取和利用葡萄糖，促进脂肪合成的作用，因此又被称为"肥胖荷尔蒙"。

很多人平时用餐，都是边吃米饭、面条等碳水化合物边吃菜。这种饮食方式会导致体内的血糖值快速上升，从而促使身体分泌大量胰岛素。

于是在胰岛素的作用下，葡萄糖就会转化成脂肪囤积在体内。脂肪囤积过多，身体自然会变胖。

如果不想变胖的话，就请在用餐时先喝蔬菜汤。

蔬菜汤可以调节热量与糖类的摄取。先喝一碗蔬菜汤，可以获得饱腹感，接下来吃的东西自然会减少，从而减少热量的摄取。而且，蔬菜汤中的卷心菜和洋葱含有丰富的水溶性膳食纤维。这种水溶性膳食纤维具有抑制肠道吸收糖类的作用。

因此，先喝蔬菜汤，就能有效抑制肠道吸收食物中的糖分，进而控制体内血糖值快速上升。血糖值不快速上升，胰岛素就不会分泌过量，身体也就不会囤积过多的脂肪了。

有些人为了减肥拼命节食，不过这种极端控制饮食的减肥方法不能持久，也不健康。即便短时间能看见成效，但由于难以长期坚持，体重很快就会反弹。

所以，请用简单美味的"常备蔬菜汤"来打造健康而苗条的理想身材吧！我就是靠喝蔬菜汤变瘦的，而且来我们医院减肥门诊的很多患者都通过喝蔬菜汤成功减肥。最重要的是，这种减肥方法简单易行，既无痛苦，也无副作用，且不会反弹。

衰老的原因是身体氧化！植化素可清除活性氧，为身体『除锈』！

想要抵抗衰老，
就喝蔬菜汤

身体疲惫、无精打采、丢三落四、老眼昏花……

每当你感到心有余而力不足的时候，是不是总想感叹一句："唉！老啦！"

每个人对于衰老的感受各不相同，但渴望永葆青春活力的心情却是一样的。

衰老的原因是身体"生锈"（氧化）。

人体正常呼吸摄入的氧气中，98% 以上被人体有效利用，约有 1% 会转化为活性氧。活性氧高度活跃，并通过氧化作用攻击机体细胞，进而引发身体各部位的衰老。

我在前面已经说了不少活性氧对身体造成的不良影响，而衰老的"罪魁祸首"也是活性氧。

※ **活性氧引起的衰老现象主要有以下几点：**
（1）皮肤出现色斑、皱纹、暗沉；
（2）眼睛出现白内障、老年性黄斑变性；
（3）头上生出白发；
（4）大脑的记忆力和思考力衰退；
（5）血管老化，产生动脉硬化。

另外，活性氧还会提高罹患癌症、糖尿病、血脂异常症等疾病的风险。所以说，它是一种与各种衰老现象息息相关的危险物质。

我们该如何解决活性氧引发的衰老问题呢？

其实不用过于担心，中老年朋友可以借助植化素的力量来减少活性氧的危害，从而延缓衰老。最简单的方法就是喝"常备蔬菜汤"。

蔬菜汤中富含多种具有抗氧化作用的植化素，这些植化素可以有效清除活性氧，预防身体氧化，从而延缓衰老。

比如洋葱中的异蒜氨酸和槲皮素，胡萝卜中的 α-胡萝卜素，胡萝卜和南瓜中的 β-胡萝卜素等。此外，南瓜中的维生素 E、卷心菜和南瓜中的维生素 C 也具有同样的功效。

举例来说，摄取"常备蔬菜汤"能够延缓血管老化，从而防治动脉硬化症。

而且，蔬菜汤富含维生素 C，可预防色斑和皱纹，因此在美容方面也可起到抗衰老的效果。

利用美容产品来保持容颜年轻固然不错，但光是保持外表年轻，并不能从根本上阻止机体衰老。只有阻止或延缓身体各部位被活性氧所氧化，才能真正地预防衰老。

当然，"常备蔬菜汤"也并非万能，想要更加全面系统地抵抗衰老，除了喝汤，还要在平时多吃果蔬，摄取各种各样的植化素。

在预防大脑衰老方面，草莓中的漆黄素（Fisetin）、红酒中的白藜芦醇（Resveratrol）、糙米和咖啡中的阿魏酸（Ferulic Acid）、红茶中的茶黄素（Theaflavin）皆有不错的效果。

在预防眼睛老化方面，菠菜中的叶黄素（Lutein）、蓝莓中的花青素（Anthocyanin）、玉米中的玉米黄素（Zeaxanthin）都很有效。

此外，担心骨质疏松症等骨骼老化问题的人，可以多摄取茶和西蓝花中的山柰酚、大豆中的异黄酮等。

因此，除了坚持饮用蔬菜汤，我们还要根据自己的身体状况，积极摄取含有相关植化素的其他食物。

很多人都喜欢喝咖啡和红酒，边享受这种乐趣边摄取其中的植化素就是一种不错的选择。同样，我们也可以通过饮用不同食材的蔬菜汤来摄取植化素。

让我们养成喝蔬菜汤的好习惯，做一个身体年轻又健康的人。

第五章

培养抗癌防癌的
良性生活意识，
打造不易生病的健康体质！

坚持低热量、低胰岛素饮食，勿暴饮暴食，忌狼吞虎咽！

想要健康的身体，
从饮食习惯做起

摄取大量米饭、面包、面条等高碳水化合物类食物食物会导致体内的血糖值飙升，从而刺激胰岛素的分泌，而胰岛素分泌过多会刺激"癌芽细胞"生长，提升罹患癌症的概率。

因此，大家在饮食上必须要特别注意高碳水化合物类食物对血糖值的影响。

如果不想让自己的血糖值飙升，饮食需要遵循以下顺序：**蔬菜汤** ➡ **蔬菜** ➡ **蛋白质（肉、鱼）** ➡ **碳水化合物（米饭、面包、面条等）**

此外，坚持低胰岛素饮食（即吃低升糖指数的食物），也能抑制血糖值的上升。

例如，同样是主食，荞麦面、意大利面等面食的升糖指数就比米饭和面包低，糙米、全麦食物的升糖指数也比精白米、精白面食物低。

热量高的食物不仅会导致身体发胖，而且会提高人们的患癌风险，因此大家除了要控制糖类的摄取，也要注意控制脂类的摄取量。

一般来说，肥胖的人吃东西时喜欢狼吞虎咽，不爱细嚼慢咽。

这种饮食方式非常不可取，因为如果你暴饮暴食，吃东西狼吞虎咽，那么等你产生饱腹感的时候，其实已经吃得过量了。长此以往，你只会越来越胖。

反之，细嚼慢咽虽然会花费较多时间，但是却有助于提高食物热效应，从而促进代谢。

饮食时，我们只要注意吃的食物以及吃的方法，就能有效预防癌症，保持身体健康。

积极摄取各种植化素！

将植化素当成我们的
"饮食伴侣"

本书已经谈了植化素的很多神奇功效，这里就不再赘述了。总之，植化素是预防癌症、保持健康的"良药"。

不过有一点我想再提醒各位一次。

植化素是植物制造的天然化学物质，目的是保护自身不受紫外线所引起的活性氧及害虫等的危害。

植化素无法在我们人类的身体中制造出来。

因此，我们需要通过饮食来摄取蔬菜和水果中的植化素。喝"常备蔬菜汤"固然可以摄取丰富的植化素，但除了汤中的 4 种蔬菜，还有很多蔬菜和水果也都富含植化素。

约有九成的植化素都含于蔬菜、水果等植物性食物中，据说植化素种类超过一万种，目前人们知悉的有数千种。

很多有益健康的植化素就存在于我们周围。例如，很多果蔬之所以能呈现出令人赏心悦目的绚丽色彩，原因就在于植化素。而且，果蔬的各种香气、辛辣或苦味，也都缘于植化素的作用。

鲜红的西红柿、翠绿的青椒和菠菜……

在我们伸手可及的范围内，到处都是大有裨益的保健良品。

不必想得太复杂，只要你觉得某种蔬菜好看、好闻，能够促进你的食欲，就尽情享用，以轻松愉快的心情来摄取果蔬中的植化素吧！

千万不要以为每天喝两碗蔬菜汤就万事大吉了，如果你真的想要保持健康，就要时刻提醒自己，多多摄取各种各样的水果和蔬菜。

坚持有氧运动，永葆青春活力！

定期进行适度运动，
让身体流汗

很多上了年纪的人都没有养成运动的习惯，一提到运动，他们就觉得麻烦。

有些人年轻时经常运动，但人到中年，由于繁忙的工作和琐碎的家事，慢慢地远离了运动。

这样是不行的。请从今天开始，养成定期运动的习惯，让身体出出汗吧。

因为我们在出汗时能够将体内多余的盐分及铁元素随着汗水排泄出去。

换句话说，我们在运动时，可以将体内的致癌物质通过汗液排出体外。

事实上，有研究结果显示，定期运动能够降低患癌风险。不过，有件事请各位特别注意，就是一定要把握好运动的度。

我们推荐强度适中的有氧运动，因为过于激烈的运动会导致体内产生过多的活性氧，反而会提高患癌风险。

许多职业运动选手罹患癌症，一个重要原因就是长年从事激烈运动。

为了获得健康而拼命运动，反而得不到好结果，那么这样又有何意义呢？

因此，对于我们一般人而言，尽量不要进行会给身体带来很大负荷的运动，不妨做做伸展操、健走、慢跑等轻松的运动吧。

不过，如果你的膝盖有伤，进行慢跑或健走运动就可能会使伤病恶化。因此请结合自身实际情况，量力而为。

事实上，很多平时不运动的人光做几组伸展操就会微微冒汗了。如果你不是长年坚持运动的人，就不宜一开始把运动目标定得太高。

简而言之，运动一定要循序渐进，量力而行。你可以先养成做伸展操的运动习惯，然后再慢慢过渡到健走、慢跑等运动。

另外，运动时一定要注意补充水分，这样既能防止身体缺水，也能增加排汗量。不过在补充水分时，不要一次性猛灌，应该少量多次慢慢补充。

不要摄取过多的铁元素！

人体内的铁元素
并非多多益善

许多人认为，要想预防贫血，摄取的铁元素越多越好。

因此，很多男性朋友在喝酒时喜欢搭配猪肝、红肉、金枪鱼等富含铁元素的食物，不少女性朋友也会因为有些贫血而刻意多吃这类食物。

事实上，这种观点并不正确，因为摄取过量的铁元素不仅无益健康，而且会适得其反。

铁元素是人体必需的微量元素，但研究已经证实，摄取过多铁元素会导致癌症和衰老。

当铁暴露于空气中时，会与空气中的氧结合而逐渐生锈，这种现象被称为"氧化"。

同样，铁元素也是导致我们身体"生锈"的重要原因。研究表明，过量的铁元素会引起脂质过氧化，产生脂质过氧化自由基，从而导致机体氧化和抗氧化系统失衡，这样会直接损伤 DNA，引发基因突变，诱发多种疾病，甚至是癌症。

2016 年，日本女性的平均寿命为 87.14 岁，男性的平均寿命为 80.98 岁。

日本男女虽然都很长寿，但两者的平均寿命相差 6 岁之多也是不争的事实。

不仅日本，综观世界各国，都呈现出女性的平均寿命高于男性的倾向。

究其原因，就包括两者体内铁元素含量的差别。

至少可以说，体内含铁量的差别是男女寿命产生差异的原因之一。

具体而言，女性在更年期之前都有月经，会定期将血液中多余的铁元素排出体外，因此身体承受的铁元素危害比男性要小。这种优势长期积累，就出现了女性的平均寿命高于男性的现象。

　　大家千万不要再认为体内的铁元素越多越好了。摄取过量的铁元素会导致机体氧化，从而加速机体衰老，并容易诱发多种疾病。

　　因此，想要预防疾病，保持健康，饮食就需要"抗铁化"。男性朋友尤其需要注意，对红肉、动物内脏等含铁量高的食物要适量食用。大家可以适当了解一下各种食物的含铁量，然后根据自身情况调整自己的饮食习惯。

多喝水以促进排毒！

水是维持身体健康的
重要元素

很多减肥书都会告诉我们减肥时要多喝水。其实不只是减肥和美容，哪怕仅仅是为了维持人体的正常生理活动，我们也要多多补充水分。

各位一天会喝多少水呢？

有些人在炎炎夏日由于口渴而不停喝水，但在其他季节却喝水很少。其实无论什么季节，我们都应该多喝水。一般来说，**我们每天需要补充 1.5L 水分。**

人体之所以要补充水分，其中一个重要原因就是补水有助于排毒。

当尿液、汗液、粪便顺畅地排出体外时，有害物质也会随之排出体外。但是，如果体内水分不足，身体为了使自己不陷入脱水状态，就会抑制尿液、汗液和粪便的排泄。

如此一来，有害物质就不得不留在体内了。

因此，为了保障尿液、汗液和粪便能够顺畅地排出体外，即便我们平时没有感到口渴，也要注意补充水分。

事实上，当你感到口渴的时候，说明你的身体已经处于脱水状态了。

所以不要等到口渴的时候才开始喝水，而是要时刻提醒自己多多补充水分。

有人问我："喝什么水比较好呢？"我的建议是喝白开水或矿泉水。

运动饮料含有很多糖分，喝了以后血糖值会上升，从而促使胰岛素大量分泌，诱发多种疾病。

我们补充水分本来是为了保持身体健康，可是经常喝运动饮料，反而适得其反，因此我不推荐喝运动饮料。

富含咖啡因的绿茶和红茶等饮料的利尿作用很强，会促使机体大量排泄尿液，导致身体呈脱水状态，因此我也不推荐。

除了促进排毒，补给水分对预防心肌梗死、脑梗死也很有效果。

也许各位听说过，睡觉期间，我们的身体会流失大约一杯的水量。此时体内循环的血液会变稠，从而容易形成血栓。

因此，我建议大家在晚上就寝前先喝一杯水，这样能够弥补身体在睡眠过程中流失的水分，防止血液黏稠度增高。不过需要注意喝水的时间，不要在临睡时喝，而是要提前一两个小时喝。

希望大家一定要对此重视起来，因为就寝前喝的这杯水可是"救命之水"哦。

远离压力，常怀感恩！

打造每天都活力四射的
健康身心

大家每天过得快乐吗?

"怎么突然问这个……"或许各位会对这个问题感到莫名其妙。事实上,健康不仅包括身体健康,也包括心理健康。为了保持精力充沛,除了注意饮食与运动,**还要每天保持心情愉快**。

如果日复一日地过着充满压力的生活,身体和精神就会因不堪重负而出现各种问题。

例如，身体会出现血压上升、头痛、四肢疲劳等症状，内心会产生焦躁、抑郁、忐忑不安等负面情绪。

日本国家癌症研究中心指出，自认为承受高度压力的人，其患癌的风险要高于普通人。

因此为了自身的健康，请大家学会缓解日常生活中的压力。

比如获得感动的体验就是缓解压力的好方法。

有人认为，想要获得感动的体验，就要到远方去旅行。但是这样既花时间又花钱，实施起来有难度。

其实在日常生活中，我们也能获得感动的体验。

烹饪美食、品尝美食、阅读好书、欣赏电影、坚持运动……只要用心体验，这些在日常生活中司空见惯的行为都能让我们获得感动，帮助我们消除身心的压力。

回忆往昔时光，各位一定会发现，一些微不足道的生活琐事也曾让你或开怀大笑，或兴奋紧张，或感动落泪。

记住那些美妙的瞬间，继续保持那种认真愉悦的心情，就能健健康康地生活了。

另外，独自做喜欢的事或许很轻松愉快，但与志同道合的同伴一起，也能缓解压力，获得感动的体验。

　　如果你最近都没有外出，每天除了家人几乎不与别人交谈，那么不妨走出房间，投入人群。你的每一次行动、每一种心情，都会让这一天变得与众不同。

　　总之，我们要在日常生活中追寻生活的意义，怀一份感恩的心，做自己喜欢的事，满面笑容、充满斗志地迎接每一天，随时随地享受感动的体验。

结 语

·
·
·

日本人的死因之冠是癌症。

根据日本国家癌症研究中心的调查，2016年日本癌症死亡人数为372986人。

医学如此进步，可是每年依然有如此多的人死于癌症。这虽然令人心痛，但却是如今日本的现实。

我真心希望各位能拥有预防癌症等各种疾病的危机意识，并养成良好的生活习惯，尤其要养成健康的饮食习惯。

因为饮食和健康的关系非常密切，甚至可以说，吃什么与怎么吃，将会决定你能否维持健康。

所以，我再次向大家推荐我历时多年研制出来的

"常备蔬菜汤"，其做法非常简单，只是将 4 种随时随地都可获取的蔬菜（卷心菜、胡萝卜、洋葱、南瓜）加水炖煮。虽然看起来平平无奇，汤汁中却富含植化素，可以预防和改善癌症、糖尿病、高血压、血脂异常症等各种疾病，还能提升癌症患者的免疫力。

如今这个时代，人人都可能患癌。

这既不是信口开河，也不是危言耸听，而是我们不得不面对的事实。

在我看来，对于癌症等疾病，预防胜于治疗。

所以，我们平时就应该积极地预防癌症，千万不要等到患癌后才追悔莫及。

蔬菜中富含我们人类自身无法制造的植化素，可是由于生活状态和饮食习惯的改变，人们的蔬菜摄取量不断减少。

如果你工作繁忙，以至于无暇顾及饮食生活，那我建议你一定要喝"常备蔬菜汤"。因为这样你不仅能够摄取足量的植化素，还能补充膳食纤维和维生素。只要坚持喝这种蔬菜汤，你就走上了轻松养生的道路。

除了喝"常备蔬菜汤"，我还在第五章介绍了预防癌症、健康生活的六大原则。

坚持低热量、低胰岛素饮食，多吃蔬菜和水果，控制铁元素的摄取，平时注意补充水分。

同时，进行适度的运动，学会缓解生活压力。

只要大家在日常生活中多留意这些方面，就能有效降低患癌风险，保持身体健康。

为了打造不被癌症及其他疾病打败的强健体魄，请从今天就开始喝"常备蔬菜汤"吧！

如果各位能够通过饮用"常备蔬菜汤"来改善体质，并养成良好的生活习惯，那就太棒了！

高桥弘